Sven-David Müller

Alles über Zink, Zinkmangel und die Bedeutung des Spurenelementes in der Prophylaxe und Therapie von Erkrankungen

GRIN Verlag

Bibliografische Information der Deutschen Nationalbibliothek:

Die Deutsche Bibliothek verzeichnet diese Publikation in der Deutschen National-
bibliografie; detaillierte bibliografische Daten sind im Internet über http://dnb.d-
nb.de/ abrufbar.

Impressum:

Copyright © 2011 GRIN Verlag GmbH
Druck und Bindung: Books on Demand GmbH, Norderstedt Germany
ISBN: 978-3-656-03858-0

Dieses Buch bei GRIN:

http://www.grin.com/de/e-book/180961/alles-ueber-zink-zinkmangel-und-die-
bedeutung-des-spurenelementes-in-der

Alles über Zink, Zinkmangel und die Bedeutung des Spurenelementes in der Prophylaxe und Therapie von Erkrankungen

von Sven-David Müller, M.Sc.

Obwohl die positiven Effekte von Zink bei verschiedenen Erkrankungen seit vielen Jahren bekannt sind, wird der Zinkversorgung in Prävention und Therapie noch immer nicht die Bedeutung beigemessen, die dem Spurenelement angesichts der Vielzahl von Funktionen im Organismus eigentlich zustehen sollte. Ein Grund könnte möglicherweise im Mangel eines zuverlässigen diagnostischen Kriteriums für die Bestimmung von Zinkmangel liegen, was in den meisten Fällen möglicher Zinkmangelzustände die Supplementation „auf Verdacht" nahe legt. Für die Behandlung von Zinkmangelerkrankungen empfiehlt sich die Anwendung von arzneilich zugelassenen Zink-Komplexen mit nachgewiesener Bioverfügbarkeit. Insbesondere Zink-Histidin ist aufgrund seiner Eigenschaften als physiologische Zink-Transportfähre im Organismus und des pharmakologischen Zusatznutzens durch die antioxidativen und antiallergischen Eigeneffekte von Histidin besonders gut für diese Zwecke geeignet. Zink-Histidin ist eine der wenigen Zinkverbindungen, deren Bioverfügbarkeit durch klinische Studien eindeutig belegt ist.

Zink: Ein essentielles (lebenswichtiges) Spurenelement
Eisen ist den meisten Menschen als Spurenelement ein Begriff. Auch Kenntnisse über die Funktionen von Mineralstoffen wie Kalzium und Magnesium sind weit verbreitet. Zink hingegen führt im Bewusstsein vieler Menschen noch ein stiefmütterliches Dasein. Zu Unrecht, wenn man bedenkt, dass Zink das zweithäufigste Spurenelement im menschlichen Organismus darstellt. Spurenelemente sind Wirkstoffe, die nur in geringen Mengen im Körper vorkommen und dennoch lebenswichtig sind. Wissenschaftler haben das vielfältige Potenzial des „Tausendsassa" Zink bereits erkannt. Zahlreiche Versuche und Studien in den vergangenen 25 Jahren belegen seine weitreichenden Wirkungen auf Gesundheit und Wohlbefinden. Darüber hinaus hat sich gezeigt, dass organisch gebundenes Zink wie Zink-Histidin von Körper besser aufgenommen wird.

Was ist Zink?
Zink ist ein lebensnotwendiges (essenzielles) Spurenelement. Der menschliche Organismus kann Zink nicht selber herstellen, und verliert täglich kleine Mengen über Urin, Schweiß und Hautabschilferungen. Die Speicher für Zink im Körper sind nur sehr begrenzt. Daher muss Zink regelmäßig mit der Nahrung aufgenommen werden. Der menschliche Körper enthält zwei bis drei Gramm Zink. Das Spurenelement ist in erheblichem Maße an zahlreichen Umsetzungsvorgängen im Stoffwechsel beteiligt und findet sich in nahezu allen Körpergeweben. Die höchsten Konzentrationen weisen Knochen, Muskulatur, Haut, Haare und Leber auf. Aber auch Gehirn, Iris und Retina des Auges, Bauspeicheldrüse und Hoden sind auf dieses Spurenelement angewiesen. Der individuelle Versorgungszustand eines Menschen mit Zink hängt von Alter, Geschlecht, Ernährungsweise, Lebensgewohnheiten und Gesundheitszustand ab.

Welchen Nutzen bietet eine ausreichende Zinkzufuhr für den Körper?
Insgesamt zeigt Zink im Zusammenspiel mit nahezu 400 Enzymen seine Vielseitigkeit. Damit beeinflusst Zink praktisch alle Vorgänge im menschlichen Körper. Zink wirkt an zahlreichen Auf- und Abbauprozessen der Kohlenhydrate, Fette und Eiweiße mit. Die Zellteilung und

damit das Wachstum sind zinkabhängig. Dies kommt Haut und Haaren zugute: Ohne Zink wäre die Erneuerung der Haut nicht möglich. Es ist daher kaum verwunderlich, dass sich in der Haut ein hoher Zinkgehalt findet. Zink fördert die Elastizität der Haut durch Beteiligung am Kollagenstoffwechsel - Kollagen ist ein Bestandteil des Bindegewebes - und wirkt sich entscheidend auf die Wundheilung aus. Zinksalben haben sich bereits seit Jahrhunderten als Wundheilungsmittel bewährt. Zudem wird Zink zur Umwandlung von Linolsäure zu Linolensäure benötigt, die für die Verhornung der Haut unverzichtbar ist. Auch am Stoffwechsel der Haarfollikel ist es beteiligt und sorgt hier für eine Verbesserung der Qualität des Keratins. Keratin ist der Hauptbestandteil der Haare und findet sich auch in den Nägeln.

Zink trägt zur Stärkung des Immunsystems auf verschiedenen Wegen bei. Es fördert sowohl die Bildung der weißen Blutkörperchen im Knochenmark als auch die Reifung der T-Lymphozyten im Thymus. Diese sind für die Abwehr von Erregern notwendig. Darüber hinaus besitzt Zink antivirale Eigenschaften. Es hemmt die Bildung von schnupfen-verursachenden Rhinoviren und verhindert ihr Eindringen durch die Schleimhäute. Zink vermag bei zusätzlicher Zufuhr nachweislich Symptome einer Erkältung zu lindern und ihre Dauer herabzusetzen. Die Gesellschaft für Ernährungsmedizin und Diätetik empfiehlt in den Erkältungszeiten Frühjahr und Herbst jeweils über sechs Wochen die Einnahme einer organischen Zinkverbindung. Empfehlenswert ist eine Menge von 15 bis 30 Milligramm Zink täglich. Seine immunschützende Wirkung ist auch für Pollenallergiker von Bedeutung, denn Zink kann symptomlindernde Wirkungen bei Allergien (Heuschnupfen und allergischen Hauterkrankungen) erzielen. Zink hemmt die Ausschüttung von Histamin, das für die Auslösung von allergischen Symptomen verantwortlich ist. Daher sollten Allergiker auf eine ausreichende Zink-Zufuhr achten.

Die Beteiligung von Zink am Zellschutz durch Mitwirken bei der Bekämpfung freier Radikale ist auch für das Fortschreiten des Alterungsprozesses des Körpers entscheidend. Die Bildung freier Radikale im Körper ist ein natürlicher Prozess, der durch Einflüsse wie UV-Strahlung, Rauchen und Umweltbelastungen gefördert wird. Freie Radikale schwächen die Zellen und das Immunsystem, führen zum vorzeitigen Altern und fördern die Krebsentstehung.

Bemerkenswert ist auch seine Fähigkeit die Schwermetallbelastung des menschlichen Organismus herabzusetzen, indem Zink die Aufnahme von Schwermetallionen wie Cadmium, Nickel, Blei und Quecksilber in den Körper vermindert. Eine Anreicherung von Schwermetallen im Körper kann zu Fruchtbarkeitsstörungen führen und wird teilweise für die Krebsentstehung verantwortlich gemacht.

Weitere positive Effekte werden dem Zink in Bezug auf mäßigen Alkoholkonsum zugesprochen. Zink wirkt neuen Studien zu Folge dem Absterben von Leberzellen entgegen. Ein bis zwei Stunden vor Alkoholkonsum sollte prinzipiell 15 Milligramm Zink eingenommen werden, um die Leber zu schützen.

Die Verbindungsstellen von Nervenzellen enthalten Zink. Damit ist der Tausendsassa auch an der Weiterleitung von Nervenimpulsen beteiligt und von besonderer Bedeutung für die körperliche und geistige Leistungsfähigkeit. Zink ist maßgeblich an der Bildung von Insulin und dessen Freisetzung aus den Langerhans-Inseln der Bauchspeicheldrüse beteiligt. Damit ist Zink mitentscheidend für eine optimale Blutzucker-Regulation.

Stoffwechsel von Zink

Die Zinkaufnahme erfolgt vorwiegend im Dünndarm, insbesondere im oberen Abschnitt. Die Zink-Aufnahme in die Dünndarmzellen kann je nach Zufuhr und Konzentration sowohl aktiv als auch passiv erfolgen. Beim passiven Transport „fließt" das Zink durch die Zellhülle ins Zellinnere. Dieser Transport findet ständig statt und ist nicht steuerbar. Besteht im Körper eine Zink-Unterversorgung oder ist die Zink-Aufnahme mit der Nahrung zu gering, wird der aktive Transport „zugeschaltet", um einer Unterversorgung vorzubeugen oder entgegen zu wirken. Hierbei transportiert ein spezieller Mechanismus das Zink unter Energieverbrauch in die Darmschleimhaut-Zelle.

Aus der Darmschleimhaut-Zelle wird Zink ins Blut weitergeleitet, wo es in erster Linie an das Bluteiweiß Albumin gebunden und zu den unterschiedlichen Geweben des Körpers transportiert wird. Hier wird es nach Bedarf besonders von den beiden Aminosäuren Histidin und Cystein aus seiner Verbindung mit Albumin gelöst und in die Zellen des Gewebes aufgenommen. Minimale Mengen an Zink können in Muskulatur, Knochen, Haut, und Leber eingelagert werden. Ein Teil dieser „Reserven" wird bei unzureichender Zinkzufuhr aus der Muskulatur ins Blut freigesetzt und zu den Geweben transportiert, die es benötigen. Aus diesem Grund ist eine beginnende Zink-Unterversorgung über einen Bluttest praktisch nicht feststellbar. Die Zink-Konzentration im Blut wird auch bei leeren Gewebespeichern noch konstant gehalten und fällt erst ab, wenn ein manifester Mangel herrscht.

Wie viel Zink brauche ich?

Der individuelle Bedarf und die Aufnahme von Zink sind von verschiedenen Faktoren abhängig. Die Gesellschaft für Ernährungsmedizin und Diätetik empfiehlt Erwachsenen im Gleichklang mit anderen internationalen Fachgesellschaften die tägliche Aufnahme von 15 Milligramm Zink. Schwangere und Stillende benötigen ebenso wie chronisch Kranke oder Angehörige der Risikogruppen täglich 15 bis 30 Milligramm Zink. Individuelle Faktoren wie Alter, Geschlecht, Versorgungszustand und körperlicher Zustand beeinflussen den Zinkbedarf und die ZinkAufnahme. Die Resorption von Zink im Darm hängt zudem von der Zusammensetzung der Nahrung ab (s. Seite 27).

Was passiert bei einer Zink-Unterversorgung?

Eine Unterversorgung mit Zink oder ein beginnender Zinkmangel macht sich bereits durch unspezifische Symptome wie

- *Müdigkeit*
- *Infektanfälligkeit*
- *Allergieneigung / Verstärkung von Allergiesymptomen*
- *Haarausfall*
- *brüchige Fingernägel, verringertes Nagelwachstum*
- *verzögerte Wundheilung*
- *Appetitverlust*
- *Nachtblindheit sowie*
- *Eingeschränktes Geschmacks- und Geruchsempfinden*

bemerkbar. Die Folgen einer Zinkunterversorgung können aber noch weitreichender sein. Sie können Auswirkungen auf die Fruchtbarkeit - besonders des Mannes - und die Blutzuckerregulation des Körpers haben. Letzteres ist besonders für die Entstehung von Diabetes mellitus von Bedeutung. Hier zeigt sich wie nützlich es sein kann, dem Spurenelement Zink Aufmerksamkeit zu schenken, auch wenn man nicht zu den Risikogruppen gehört. Einige der mit der Zinkunterversorgung assoziierten Symptome sind mit denen eines Vitamin A-Mangels identisch. Eine Erklärung hierfür ist die enge Verknüpfung des Zinks mit dem Vitamin A-Stoffwechsel: Die Anwesenheit von Zink ist für die Freisetzung von Vitamin A aus der Leber unabdingbar.

Zink-Versorgung im Überblick

Zinkmangel ist in Entwicklungsländern weit verbreitet. In Deutschland und anderen Industrienationen ist ein ausgeprägter Zinkmangel ein seltenes Phänomen. Gesunde Menschen die sich mit einer ausgewogenen Mischkost ernähren und deren körperliche Aktivität nicht das durchschnittliche Niveau überschreitet, müssen einen Zinkmangel praktisch nicht fürchten. Doch eine Unterversorgung oder gar ein Zinkmangel kann für alle Menschen zum Thema werden, wenn sie ihre Wirkstoffversorgung nicht über eine vollwertige Mischkost sicherstellen, oder wenn sie durch Krankheiten oder wegen besonderer Lebensumstände einen erhöhten Bedarf haben. Da in unserer Gesellschaft der Verzehr von Fast-Food, Kantinenessen, Fertigprodukten und phosphathaltigen, zuckerreichen Getränken leider für einen Großteil der Menschen zum Alltag gehört, ist es fraglich, ob eine ausreichende Versorgung mit Zink auf Dauer gewährleistet ist. Besonders folgende Risikogruppen sollten ihr Augenmerk auf eine ausreichende Zinkzufuhr richten:

- Schwangere/Stillende
- Diabetiker (Diabetes mellitus Typ 1 und 2)
- Senioren
- Kinder/Heranwachsende
- Alkoholiker
- Sportler
- Vegetarier/Veganer
- Menschen mit speziellen Darm- und Hauterkrankungen
- Menschen, die eine Reduktions- oder Nulldiät durchführen
- Chronisch Leber- und Nierenkranke

Wer profitiert von einer Zink-Supplementation?

Gesunde Erwachsene unter besonderen Bedingungen
Bei Erwachsenen kann es durch vielfältige Ursachen zu einer Zink-Unterversorgung kommen. Insbesondere bei einseitiger Ernährung, Reduktions- und Crashdiäten sowie Fastenkuren ist eine ausreichende Zink-Aufnahme mit der Nahrung nicht gewährleistet. Diese Ernährungsgewohnheiten fördern eine allgemeine Mangelernährung. Reichlich Zink geht auch über den Schweiß verloren. Daher erhöhen Saunabesuche, intensive sportliche Betätigung sowie Sport in Neoprenanzügen den Zinkbedarf. Da Zink an zahlreichen Reaktionen des Energiestoffwechsels beteiligt ist, kann es schnell zu Leistungseinbußen kommen. Eine Zink-Unterversorgung wirkt sich auf die Fruchtbarkeit aus. Besonders betroffen sind Männer, denn die Spermienbildung ist zinkabhängig. Sperma ist zinkreich, es enthält eine hundert Mal so hohe Konzentration an Zink wie Blutserum. Bei Frauen kann es auch durch erhöhte Umweltbelastungen und der damit verbundenen vermehrten Aufnahme von Schwermetallen zu einer erhöhten Zink-Ausscheidung kommen. Da Zink sowohl das Infektionsrisiko von Eierstöcken zu beeinflussen scheint und im Hormonstoffwechsel elementare Funktionen übernimmt, ist es Frauen anzuraten, auf eine ausreichende Versorgung mit diesem Spurenelement zu achten.

Schwangere/Stillende
Ab dem vierten Schwangerschaftsmonat erhöht sich der tägliche Zinkbedarf um drei Milligramm. Der Körper erhöht die Zinkresorption aus der Nahrung, doch reicht dies oftmals nicht aus, um den erhöhten Bedarf zu decken. Der Fetus benötigt Zink für sein Wachstum, denn Zink ist maßgeblich an der Zellteilung beteiligt. Zinkmangel führt zu körperlichen und geistigen Entwicklungsstörungen oder –verzögerungen. Auch nach der Geburt ist es für die stillende Mutter ratsam, auf eine ausreichende Zinkversorgung über die Nahrung zu achten oder gegebenenfalls auf eine Supplementation zurück zu greifen. Die Mutter gibt täglich etwa 1,7 Milligramm Zink über die Muttermilch an den Säugling ab. Der Säugling benötigt Zink in dieser Lebensphase für sein Wachstum und sein Immunsystem.

Kinder/Heranwachsende

Zink spielt für den Wachstumsprozess eine wichtige Rolle. Daher ist eine ausreichende Zufuhr über die Nahrung vor allem für Kinder und Jugendliche wichtig. Problematisch ist, dass Jugendliche sich häufig einseitig ernähren. Besondere Vorlieben für Fast-Food, Süßigkeiten und phosphathaltige, zuckerreiche Getränke erschweren eine optimale Zinkzufuhr über die Nahrung. Aber auch der Wunsch vieler Jugendlicher, insbesondere der Mädchen, dem propagierten Schlankheitsideal zu entsprechen, führt über Radikaldiäten in eine Mangelernährung nicht nur mit Zink. Anzeichen für eine Zink-Unterversorgung können sich in dieser Altersgruppe durch Wachstumsstörungen, gestörte Ausbildung der Keimdrüsen bei Jungen, Haarausfall, Veränderungen der Haut, Konzentrationsstörungen und Müdigkeit bemerkbar machen.

Vegetarier

Das Risiko eines Zinkmangels bei Vegetariern hängt davon ab, welche Lebensmittel abgelehnt werden.

- *Ovo-Lakto-Vegetarier* verzichten auf Fleisch und Fisch, aber nicht auf Eier, Milch und Milchprodukte.
- *Lakto-Vegetarier* unterscheiden sich von der obigen Gruppe dadurch, dass sie auch auf Eier verzichten.
- *Veganer* verzichten auf jegliche Produkte tierischen Ursprungs, auch Honig.

Die ersten beiden Gruppen müssen eine Unterversorgung kaum fürchten, wenn sie ihre Nahrungsauswahl bewusst und ausgewogen gestalten. Die Gefahr einer unzureichenden Zink-Aufnahme aus Getreideprodukten kann beispielsweise reduziert werden, indem man gleichzeitig Milch zuführt. Diese enthält tierisches Eiweiß, das Zink für den Körper besser verwertbar macht. Veganer haben es hingegen schwer einer Zink-Unterversorgung zu entgehen, denn sie können ihren Zink-Bedarf aus den von ihnen bevorzugten Lebensmitteln praktisch nicht decken.

Senioren

In der Bundesrepublik Deutschland machen Senioren ein Fünftel der Bevölkerung aus. Mit dem Alter sinkt aufgrund geringerer körperlicher Aktivitäten und Abbau von energieverbrauchender Muskelmasse der Energiebedarf. Der Bedarf an vielen Nähr- und Wirkstoffen bleibt aber konstant. Problematisch ist, dass bei Senioren die Neigung zu einseitiger Ernährung besteht und die Versorgung mit Wirkstoffen wie Zink erschwert wird. Weiterhin plagen Senioren häufig Kau- und Schluckbeschwerden, Appetitlosigkeit, Störungen des Geschmacks- und Geruchssinnes, Gedächtnisstörungen, Beeinträchtigung der Nierentätigkeit und diverse Krankheiten, die oft eine hohe Medikamenteneinnahme (vgl. Seite 27/28) erfordern. Diese Beschwerden verhindern oft ebenfalls eine ausreichende Zink-Aufnahme über die Nahrung. Eine optimale Zink-Zufuhr ist aber unablässig für Zellteilung und –erneuerung, welche bei Senioren ohnehin vermindert ist. Die unzureichende Zink-Versorgung hat Auswirkungen auf das Immunsystem, die Gedächtnisleistung, die Genesung nach Krankheiten und Operationen, die Wundheilung und das allgemeine Wohlbefinden.

Zinkmangel verschlechtert also viele Probleme noch, Senioren geraten in einen Teufelskreis der Mangelernährung.

Menschen mit chronisch entzündlichen Darmerkrankungen
Ein erhöhtes Risiko für eine suboptimale Zinkversorgung haben Menschen, die unter chronisch entzündlichen Darmerkrankungen wie Morbus Crohn oder Colitis ulcerosa leiden. Diese Erkrankungen gehen mit Durchfällen, einer teilweise starken Schädigung des Darms bis hin zu seiner Entfernung von Darmabschnitten einher. Typische Symptome wie Appetitlosigkeit führen nicht selten zu einer verminderten Nahrungsaufnahme, Untergewicht und damit auch zu einer unzureichenden Zink-Zufuhr. Darüber hinaus finden sich bei solchen Patienten gehäuft Resorptionsstörungen, was die Aufnahme von Zink beeinträchtigt. Die entzündlichen Prozesse erhöhen zudem den Zinkbedarf. Die Patienten haben häufig zu wenig Albumin im Blut. Fehlt dieses Transporteiweiß für Zink, ist die Versorgung von Geweben und Organen beeinträchtigt. Bei diesen Krankheitsbildern ist oft auch die Zinkausscheidung aufgrund von Durchfällen, Blutungen und entzündliche Reaktionen im Darm erhöht. Auch Medikamente - insbesondere Cortison – verschlechtern die Zinkversorgung. Zinkgabe kann bei chronisch entzündlichen Darmerkrankungen zur Verminderung von Durchfall führen und Entzündungen hemmen.

Personen mit Hauterkrankungen
Die Haut ist ein klassisches Einsatzgebiet für zinkhaltige Präparate. Gut bekannt ist die Wirkung von Zinksalben auf die Wundheilung beispielsweise nach Verbrennungen oder Operationswunden. Auch in dermatologischen und kosmetischen Produkten zur äußerlichen Anwendung ist der Einsatz von zinkhaltigen Substanzen mittlerweile Standard. Darüber hinaus kann eine orale Zink-Zufuhr der Haut zugute kommen, beispielsweise bei erblich oder allergisch bedingten Hauterkrankungen. Bewährt hat sich der Einsatz von zinkhaltigen Produkten bei <u>Acrodermatitis enteropathica</u>, einer erblich bedingten Zinkmangelkrankheit. Auch eine Anzahl anderer Hauterkrankungen kann durch die Gabe von Zink verbessert werden. Bei <u>Neurodermitis</u> ist eine Zinktherapie häufig von Erfolg gekrönt. Neurodermitikern wird häufig eine pflanzliche Kost empfohlen, die mit einer schlechteren Verfügbarkeit von Zink einher geht. Bei Akne wird eine positive Wirkung auf das Hautbild durch Zink-Substitution angenommen. Zink ist in Verbindung mit Vitamin A für eine normale Zellerneuerung der Haut nötig. Zink vermag die bei <u>Akne</u> erhöhte Talgproduktion und das Wachstum von Bakterien in diesem Milieu einzudämmen. Das männlichen Geschlechtshormon Testosteron steht im Verdacht Akne zu fördern. Zink scheint die androgene Wirkung auf die Haut, die mit einer vermehrten Testosteronumwandlung einhergeht, zu begrenzen. Diskutiert wird auch die Bedeutung von Zink bei <u>Psoriasis</u> – besser bekannt als Schuppenflechte. Drei Prozent der deutschen Bevölkerung sind davon betroffen und sollten auf eine ausreichende Zink-Zufuhr achten. Bei <u>Ulcus cruris</u>, umgangssprachlich als „Offenes Bein" bezeichnet, verspricht die zusätzliche Gabe von Zink eine Wirkung. Diese Krankheit tritt häufig in Folge von Diabetes mellitus auf.

Personen mit Haarausfall (Alopezie)
Alopezie ist besser bekannt als kreisrunder Haarausfall. Diese Erscheinung ist zwar nicht auf einen Zinkmangel zurückzuführen, rund 30 Prozent der von Haarausfall Betroffenen haben jedoch einen niedrigen Zinkspiegel. Mit zusätzlichen Zinkgaben können hier deutliche Erfolge erzielt werden. Die Wirkweise von Zink bei Alopezie ist bisher noch nicht eindeutig geklärt. Betroffene profitieren neben Zink von einer Biotin-Substitution.

Diabetiker
Nicht alle Diabetiker sind von einer Unterversorgung mit Zink betroffen, aber in jedem Fall prädestiniert, einen Zinkmangel zu entwickeln. Sie haben eine gestörte oder fehlende Insulinsekretion oder das Hormon wirkt nur unzureichend an den Körperzellen. Zink ist für die Stabilisierung des Insulins zuständig. Außerdem ist es maßgeblich an der Bildung von Insulin und dessen Freisetzung aus den Langerhans-Inseln der Bauchspeicheldrüse beteiligt. Eine unzureichende Zinkversorgung könnte diese Störung fördern. Außerdem ist Zink an der Wirkung des Insulins beteiligt. Diabetiker verlieren zwei- bis dreimal mehr Zink über den Urin als Gesunde. Zudem fördern freie Radikale diabetische Folgeerkrankungen, die durch eine ausreichende Zinkzufuhr eingeschränkt werden können. Typische diabetische Folgeerkrankungen, die durch eine ausreichende Zinkversorgung positiv beeinflusst werden können, sind

- Schäden der Augen mit Auswirkung auf die Sehfähigkeit, bis hin zur Erblindung;
- Schäden an den Nieren, was eine vermehrte Zinkausscheidung über den Urin bewirkt;
- Schädigung des Nervengewebes;
- Ausprägung des diabetischen Fußes
- Schädigung kleiner Blutgefäße durch die hohe Glukosekonzentration im Blut, Arteriosklerose.

Neben 15 bis 30 Milligramm Zink sollten Diabetiker täglich 200 bis 400 Mikrogramm Chrom sowie weitere Mikronährstoffe und sekundäre Pflanzenstoffe einnehmen.

Morbus Wilson
Morbus Wilson ist eine Krankheit, die durch vermehrte Aufnahme und Speicherung von Kupfer unter anderem zu Leberschäden führt. Bei dieser Krankheit kann durch hohe Zinkgaben eine erhebliche Verbesserung des Gesundheitszustandes erreicht werden, da Zink die Aufnahme von Kupfer im Darm hemmt. Beide Mineralstoffe konkurrieren um die gleichen Transportwege und sind teilweise an der Funktion der gleichen Enzyme beteiligt.

Chronische Lebererkrankungen und Alkoholismus
Leberzirrhose entsteht oft als Folge chronischen Alkoholmissbrauchs. Viele Alkoholiker sind durch unzureichende Nahrungsaufnahme mangelernährt. Zudem schädigt Alkohol die Schleimhäute des Darms, was die Zinkaufnahme erschwert. Beim chronischen Alkoholiker ist Zinkmangel daher wahrscheinlich. Aber auch bei nicht alkoholbedingten chronischen Lebererkrankungen wird Zinkmangel häufig beobachtet. Die Leber kann kaum ihre Speicherfunktion wahrnehmen. Zink sollte daher unbedingt zur Therapie gehören. Besteht eine alkoholbedingte Leberzirrhose, führen zusätzliche Zinkgaben bei Alkoholabstinenz zur Verbesserung der Leberfunktion. Das Absterben von Leberzellen wird gehemmt.

Chronische Nierenerkrankungen
Nierenkranke scheiden einen erheblichen Anteil an Zink über den Urin aus. Die geschädigten Nieren können Zink nicht ausreichend zurückhalten, und auch verordnete Medikamente können den Zink-Status negativ beeinflussen. Eine eiweißarme Ernährung ist gleichzeitig mit einer unzureichenden Aufnahme von Zink verbunden, da sich Zink vor allem in eiweißreichen Lebensmitteln befindet. Diese fördern auch die Zinkaufnahme im Darm. Menschen mit chronischer Niereninsuffizienz oder Nephrotischem Syndrom weisen oft einen erniedrigten Gehalt des Transporteiweißes Albumin im Blut auf. In Bezug auf den Zinkstatus unterscheidet man zwischen Erkrankten, die noch nicht auf die Dialysetherapie angewiesen sind und solchen, die sich einer Dialysebehandlung unterziehen müssen. Letztere leiden seltener unter Zinkmangel, da sie sich eiweißreich ernähren sollten. Eine Zinkgabe kann dennoch sinnvoll sein.

Gehirnstoffwechsel und Psyche
Zink ist an der Übertragung von Nervenimpulsen maßgeblich beteiligt und für Stoffwechselprozesse im Gehirn unentbehrlich. In harmlosen Fällen kommt es bei einer Zink-Unterversorgung zu Konzentrationsstörungen oder zu einer Beeinträchtigung der geistigen Leistungsfähigkeit. Wahrscheinlich ist auch die Förderung von Depressionen. Die weitreichendste Wirkung zeigt eine Zinkunterversorgung aber bei der Entstehung von Morbus Alzheimer. Es scheint sicher zu sein, dass die Entstehung von Alzheimer durch eine ausreichende Zinkaufnahme herausgezögert werden kann. Die Bildung von senilen Plaques, die diese Krankheit auslösen, wird durch eine gute Zink-Versorgung reduziert. Viele Untersuchungen sprechen dafür, dass der prophylaktische Einsatz von Zink in Form von Supplementen sinnvoll ist.

Welche Lebensmittel sind gute Zink-Lieferanten?
Die meisten Lebensmittel, die einen hohen Zinkgehalt aufweisen, sind tierischer Natur. Tierisches Eiweiß, vor allem die darin enthaltenen Aminosäuren Histidin und Cystein, vermag die Zink-Aufnahme zu fördern. Getreideprodukte weisen ebenfalls einen recht hohen Zinkgehalt auf. Hierbei ist jedoch zu beachten, dass diese Lebensmittel Phytinsäure enthalten, welche die Zinkresorption hemmt. Eine optimale Zinkversorgung hängt folglich nicht nur vom Zinkgehalt eines Lebensmittels ab, sondern auch vom Anteil sonstiger Bestandteile der zugeführten Nahrung. Das mit Abstand zinkreichste Lebensmittel ist die Auster, die 85

Milligramm Zink pro 100 Gramm enthält. Da diese aber in der Ernährung eine eher unter-geordnete Rolle spielt, ist es sinnvoll aus den unten aufgeführten Lebensmittel-Gruppen alternative Zink-Lieferanten auszuwählen.

Fleisch/ Wurst	Zinkgehalt in Milligramm pro 100 Gramm Lebensmittel
Rindfleisch mittelfett	6,1
Schaffleisch mager	5,6
Rind Filet mager	5,2
Rindfleisch mager	5,1
Rind Hackfleisch	5,0
Kalbfleisch mager	4,9
Schaf Bratenfleisch mittelfett	4,8
Kalb-Fleisch mittelfett	4,7
Schaf Kotelett mittelfett	4,6
Schweinefleisch	4,1
Rind/ Schwein Hackfleisch	3,9
Kalbsleberwurst	3,8
Leberpastete	3,5
Schweineschnitzel	2,6
Putenschenkel	2,3
Bauernbratwurst	2,1
Leberwurst einfach	2,1
Bierwurst	2,0
Schweinefleisch mager	2,0
Getreide/ Getreidehaltige Lebensmittel	
Weizenkleie	13,3
Weizenkeime	12,0
Roggen Vollkornmehl	3,9
Weizenkeimöl	3,8
Vollkorneierteigwaren (Vollkornnudeln)	3,6
Grünkern Vollkorn	3,5
Weizen Vollkornmehl	3,4
Weizen Vollkorn	2,7
Müsli	2,5
Vollkornbrot mit Ölsamen	2,5
Mais Vollkorn	2,5
Früchte-Müsli	2,5
Roggen Mehl Typ 1150	2,4
Vollkornbrot, Pumpernickel	2,4
Vollkornbrötchen	2,1
Grahambrot	2,0
Weizenmehl Typ 1050	2,0

Käse	
Blauschimmel Rahmstufe	5,1
Hartkäse Magerstufe	5,0
Emmentaler Vollfettstufe	4,6
Butterkäse	4,0
Scheiblette	4,0
Cheddar Rahmstufe	4,0
Greyerzer	4,0
Hartkäse Rahmstufe	4,0
Chester	3,8
Gouda	3,8
Tilsiter	3,8
Schnittkäse	3,8
Schnittkäse Rahmstufe	3,8
Schmelzkäse	3,7
Weichkäse	3,2
Camembert	3,0
Brie Rahmstufe	3,0
Hartkäse Dreiviertelfettstufe	3,0
Gorgonzola	2,6
Romadur Halbfettstufe	2,4
Feta	2,0
Limburger	2,0
Schafskäse	2,0
Sonstige Lebensmittel	
Auster	**85,0**
Sesam	7,8
Hühnereigelb	**3,8**
Hülsenfrüchte	3,8
Erdnuss geröstet	3,4
Sardine geräuchert	3,2
Nüsse	2,8
Miesmuschel	**2,7**
Vollkornkeks	2,6
Sardin Konserve in Öl	**2,3**
Stockfisch	**2,2**
Milchschokolade	2,0

Lebensmittel mit fettgedruckten Angaben verfügen über eine hohe Zink-Bioverfügbarkeit!

Möglicherweise vermissen Sie an dieser Stelle Lebensmittel aus der Kategorie Obst und Gemüse, die aus der gesunden Ernährung nicht wegzudenken sind. Ihre Bestandteile sind zweifellos von unschätzbarem Wert für das Wohlbefinden und die Gesundheit des gesamten menschlichen Organismus. Als Zinklieferanten sind sie jedoch von keinem großen Wert. Ihr Zinkgehalt ist zu niedrig, um zum Tagesbedarf eines gesunden Erwachsenen erheblich beizutragen. In fast allen Lebensmitteln existieren Stoffe, die die Zinkaufnahme fördern oder hemmen. Erwähnenswert sind hier vor allem Phytate, welche reichlich in Vollkorngetreideprodukten und Hülsenfrüchten enthalten sind. Sie hemmen die Resorption von Zink im Darm. Das gilt auch für Tannine, die beispielsweise in Tee und Wein vorkommen. Auch Kalzium in hohen Dosen und Phosphat, wie es reichlich in Cola-Getränken, Schmelzkäse und Hartkäse enthalten ist, wirken bei der Zink-Aufnahme hinderlich. Die für eine gute Darmtätigkeit und –entleerung förderlichen Ballaststoffe sind für die Zinkaufnahme nachteilig.

Welche Medikamente haben Einfluss auf den Zink-Status?
Verschiedene Medikamente wirken sich auf die Zink-Versorgung negativ aus.

Medikament/ Wirkstoff	Anwendungsbeispiele	Hemmt Aufnahme	Fördert Ausscheidung
ACE-Hemmer	Herzinsuffizienz	x	x
Alkoholhaltige Medikamente	Bakterielle Infektion		x
Antazida	Gastritis, Reflux	x	
Antibiotika Tetrazykline	Bakterielle Infektionen	x	
Diuretika	Herzkrankheiten		x
Ranitidin	Magen-Darm-Erkrankungen	x	
Analgetika	Osteoporose Rheuma	x	
Kontrazeptiva	Verhütung		x
Eisenpräparate	Eisenmangel	x	
Glukokortikoide	Chronisch entzündliche Darmerkrankungen	x	x
Penicillamin	Morbus Wilson		x

Supplementation durch Zinkpräparate

Die Zusammensetzung eines Zinkpräparats ist entscheidend für die Bioverfügbarkeit des enthaltenen Zinks. Es wird angeboten in Verbindungen wie

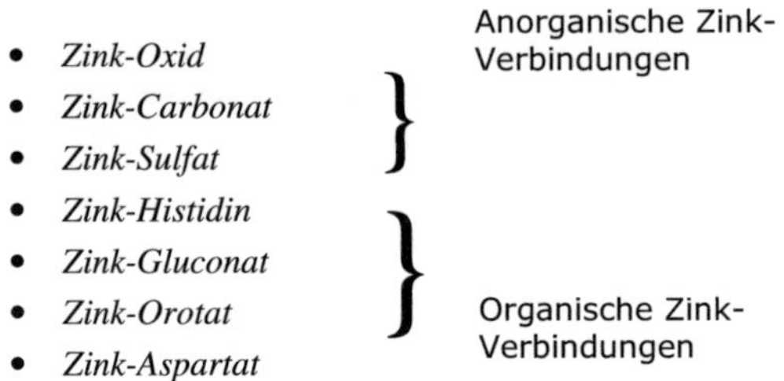

- *Zink-Oxid*
- *Zink-Carbonat*
- *Zink-Sulfat*
- *Zink-Histidin*
- *Zink-Gluconat*
- *Zink-Orotat*
- *Zink-Aspartat*

Organische Zink-Verbindungen werden besser in den Körper aufgenommen als anorganische. Zink-Präparate sollten Sie ausschließlich in der Apotheke erwerben, da diese Arzneiqualität aufweisen.

Zink und Histidin – ein unschlagbares Team!

Zink-Histidin ist anderen organischen Zink-Verbindungen nochmals überlegen. Zink ist dabei an die Aminosäure Histidin gekoppelt und liegt somit in einer Form vor, die der Körper direkt verwerten kann. Im Rahmen gewöhnlicher Stoffwechselprozesse ist Histidin die Substanz, die Zink aus seiner Bindung an Albumin im Blut löst und den Mineralstoff in die Zellen schleust. Histidin hat bei vielen Einsatzgebieten von Zink einen weiteren positiven Nutzen, denn es wirkt ebenfalls entzündungshemmend.

Autor: Sven-David Müller, M.Sc, Master of Science in Applied Nutritional Medicine (Angewandte Ernährungsmedizin), staatlich anerkannter Diätassistent und Diabetesberater der Deutschen Diabetes Gesellschaft (DDG), Haddamshäuser Weg 4a, 35096 Weimar an der Lahn, 1. Vorsitzender des Deutschen Kompetenzzentrum Gesundheitsförderung und Diätetik e.V., www.svendavidmueller.de, diaetmueller@web.de, www.dkgd.de

Literatur: Beim Verfasser, Praxis der Diätetik und Ernährungsberatung, Haug Verlag, E. Lückerath und S.-D. Müller; Kalorien-Nährwert-Lexikon, Schlütersche Verlagsgesellschaft mbH, K. Raschke und S.-D. Müller